AF607411

Lección inaugural

2025_2026

CIEN AÑOS DE FÍSICA, NANOCIENCIA Y TECNOLOGÍAS CUÁNTICAS, UNA PERSPECTIVA DESDE ASTURIAS

María Vélez Fraga
Catedrática del Departamento de Física

D. L.: AS 1785-2025
I.S.B.N.: 978-84-10135-72-7
Imprime: Servicio de Publicaciones
Diseña: Oficina de Comunicación
Universidad de Oviedo

1

Introducción

En esta lección inaugural del curso 2025-2026 de la Universidad de Oviedo quiero aprovechar para celebrar un acontecimiento muy especial para la Facultad de Ciencias: el centenario de la creación de la Mecánica Cuántica, fruto de la colaboración directa entre físicos como Werner Heisenberg y matemáticos como Pascual Jordan, y que constituye uno de los pilares de una buena parte de la Física moderna y sus aplicaciones.

El 7 de junio de 2024 la Asamblea General de la ONU declaró oficialmente 2025 como el Año Internacional de la Ciencia y la Tecnología Cuántica (International Year of Quantum, IYQ) [1]. Esta resolución fue apoyada por más de 70 países, representando a más de 5.000.000.000 de personas.

Figura 1 *Logotipo de la conmemoración del Año Internacional de la Cuántica, promovido en 2025 desde la UNESCO y la ONU. Tomado de* [1]

La idea de esta conmemoración surgió en la comunidad científica como reconocimiento del centenario del descubrimiento de la Mecánica Cuántica y, fue promovida desde diversas sociedades científicas como la Unión Internacional de Física Pura y Aplicada (IUPAP), la Unión Internacional de Química Pura y Aplicada (IUPAC), la Unión Internacional de Cristalografía (IUCr), y la Unión Internacional de Historia y Filosofía de la Ciencia y la Tecnología (IUHPST).

Entre los objetivos del Año Internacional de la Cuántica está acercar al público a esta rama de la Ciencia, cuyos conceptos pueden parecer complejos y abstractos, pero que tienen un impacto claro en muchas aplicaciones que usamos de forma cotidiana en nuestros ordenadores o teléfonos móviles, para las comunicaciones, en tratamientos médicos avanzados, etc.

Se trata de dar a conocer la belleza, la importancia y la potencia de los conceptos cuánticos tratando de hacerlos accesibles en lo posible. De mostrar una historia de avance del conocimiento que no sigue un camino recto, sencillo y claro (como a veces se presenta de forma simplificada en un aula), sino que incluye discusiones y controversias, aciertos y errores, conceptos rigurosos bien establecidos y preguntas sin respuesta.

Se trata de enorgullecernos de los logros científicos de estos cien años entre 1925 y 2025, y alegrarnos por las posibilidades de desarrollos tecnológicos posibles, sin perder la honestidad del científico que sabe del trabajo lento y cuidadoso que requiere cada pequeño avance, de las idas y vueltas intelectuales hasta que, poco a poco, y con la contribución de muchos, se van formulando las preguntas que proporcionan respuestas relevantes.

Figura 2 *Participantes en la Quinta Conferencia Solvay desarrollada en Bruselas en 1927 bajo el título de Electrones y Fotones. Estuvo centrada en las teorías cuánticas propuestas en 1925-1926 (1927 Solvay Conference on Quantum Mechanics. Photograph by Benjamin Couprie, Institut International de Physique Solvay, Brussels, Belgium. Public domain)*

En esta lección me gustaría mostrar, desde mi perspectiva de científica experimental del ámbito de la Física de la Materia Condensada, la Ciencia tal como la vemos los científicos cuando se "está haciendo", cuando la intuición va por delante de los razonamientos formales, cuando las respuestas aún no son claras porque todavía se están intentando plantear las preguntas, cuando los experimentos y los datos empiezan a conectar con la teoría y la serendipia complementa los proyectos bien estructurados, cuando aparece la primera idea que, quizás, podrá fructificar en una aplicación tecnológica concreta.

Empezaré con una breve reseña histórica del progreso en estos cien años [2-3] desde la formulación de la Mecánica Cuántica en 1925 hasta las perspectivas de desarrollo tecnológico actuales. Y, a continuación, en la sección Quantum, Nano & Asturias, me centraré en algunos conceptos concretos de especial relevancia en Física Cuántica y Nanociencia como el fotón, el espín, el láser o la computación cuántica y en los científicos asturianos egresados de la Facultad de Ciencias de la Universidad de Oviedo que, junto a muchos otros, contribuyen al avance del conocimiento en la Ciencia y las Tecnologías Cuánticas.

2

De 1925 a 2025. Breve panorámica histórica de 100 años de Física y Tecnologías Cuánticas

2.1 El Nacimiento de la Mecánica Cuántica

Durante el primer cuarto del s. XX, físicos de la talla de Planck, Einstein, Rutherford, Böhr o Sommerfeld habían ido desarrollando los primeros conceptos de Física Cuántica para describir el comportamiento microscópico de la luz y la materia centrándose especialmente en experimentos de espectroscopía e interacción luz-materia. Se había formado una comunidad científica muy activa cuyos grupos principales estaban distribuidos en Universidades europeas como la Universidad de Gotinga (Prof. Born), la Universidad de Munich (Prof. Sommerfeld), la Universidad de Copenhague (Prof. Bohr) o la Universidad de Cambridge (Prof. Thomson & Prof. Fowler) con un intercambio frecuente de estudiantes, conferencias y visitas científicas [2].

A principios de 1924, el modelo atómico de Bohr-Sommerfeld, de carácter fenomenológico, proporcionaba un marco teórico para la explicación de los espectros atómicos, completándose con un "principio de correspondencia" para conectar la nueva Física con las leyes de la Mecánica clásica y el Electromagnetismo [3]. Sin embargo, había una percepción generalizada de que este modelo cuántico inicial tenía serios problemas de consistencia interna a medida que se intentaba adaptar a los resultados de nuevos experimentos.

En este contexto encontramos a Werner Heisenberg, un joven doctor de 23 años que había estudiado Física con el Prof. Sommerfeld y obtuvo su primera posición de asistente en Gotinga para trabajar con el Prof. Born. Allí, Heisenberg encontró un ambiente científico de primer nivel, con colaboración entre grupos de Física teórica y experimental, visitantes internacionales de la talla de Enrico Fermi y una conexión cercana con matemáticos de la talla del Prof. David Hilbert. A finales de 1924, Heisenberg realizó una estancia de varios meses en el grupo de Bohr en Copenhague. Más tarde, Heisenberg recordaría esta etapa diciendo: "Sommerfeld me enseñó el optimismo, en Gotinga aprendí matemáticas y de Bohr aprendí Física" [2].

El Prof. Born estaba convencido de que era necesaria una aproximación radicalmente nueva para una teoría cuántica completa que proporcionase un fundamento teórico y matemático riguroso y animó a Heisenberg a trabajar en este problema. Heisenberg comenzó a construir una arquitectura teórica de la física atómica, insistiendo en la belleza del lenguaje formal de las matemáticas. Así, basó su análisis en solo dos ingredientes fundamentales que podían observarse en los experimentos: las frecuencias de las líneas de luz emitidas por los átomos al saltar de un estado atómico $\nu_{nm} = (E_n - E_m)/h$ a otro y la probabilidad de que dicha transición se produzca A_{mn}. Desde el punto de vista conceptual, esta aproximación supone renunciar a las imágenes intuitivas de los objetos microscópicos quedándose solo con las magnitudes "observables" experimentalmente y aceptar la idea de Einstein del comportamiento probabilístico de la materia a nivel cuántico, a diferencia del comportamiento determinista que se deriva de las ecuaciones de la Mecánica Clásica.

Después de varios meses, tanto en Copenhague como de vuelta en Gotinga, de mucho trabajo empleando técnicas matemáticas de análisis de Fourier y pocos resultados concretos, Heisenberg se tomó unas vacaciones en la isla de Heligoland en el mar del Norte durante el mes de junio de 1925. Allí, mientras trepaba por unas rocas (según le contó más tarde a Born), se le ocurrió al fin como encajar "una teoría loca" consistente tanto desde el punto de vista físico como matemático [4]. Así, Heisenberg se propuso calcular los niveles electrónicos en el átomo empleando las ecuaciones de Hamilton y Newton de la Mecánica Clásica, pero reinterpretándolas de manera que la teoría cuántica esté basada exclusivamente en cantidades que puedan ser observadas experimentalmente. Por tanto, Heisenberg aconseja al lector de su trabajo renunciar a toda esperanza de analizar las cantidades "inobservables" que componen en cada instante la trayectoria del electrón (posición y su velocidad). Por último, en su desarrollo teórico, Heisenberg advierte una dificultad importante: en la nueva formulación, el producto de dos observables $x(t)y(t)$, por ejemplo, no tiene porqué coincidir con $y(t)x(t)$. Es necesario renunciar también al producto conmutativo de la Mecánica Clásica.

Al regresar a Gotinga, Heisenberg le presentó un borrador de su trabajo a Born, para que lo estudiase y lo enviase a publicar si le parecía correcto. Born consideró que era un trabajo muy brillante, lo envió a la revista de Zeitschrift für Physik [5] y empezó a reflexionar sobre los aspectos formales de la nueva teoría. Born se dio cuenta de que la regla de multiplicación no conmutativa encontrada por Heisenberg se podía corresponder con una teoría algebraica poco conocida en aquel momento: la regla de multiplicación de matrices. Born se dio cuenta de que la Mecánica Cuántica de Heisenberg era esencialmente una mecánica de matrices. Así que contactó con Pascual Jordan, un joven matemático experto en matrices para que les ayudase a analizar las ecuaciones. El resultado fue el "artículo de los tres hombres", firmado por Heisenberg, Jordan y Born con los principios fundamentales de la Mecánica Cuántica en su formulación matricial [6].

En este verano de 1925, Heisenberg viajó a la Universidad de Cambridge para impartir una conferencia y comentó sus resultados aún sin publicar sobre la Mecánica Cuántica. El Prof. Fowler le pidió que le enviase las "pruebas de imprenta" en cuanto las tuviese, para poder estudiar su trabajo. Cuando Heisenberg las envió, Fowler se las dio a un estudiante de 23 años, llamado Paul Dirac, para que lo analizase. A Dirac le pareció que la parte más interesante del trabajo de Heisenberg era justamente ese producto no conmutativo $(xy - yx)$ que, en general, no tiene por qué ser nulo. Se dio cuenta de que podía relacionarlo con trabajos previos de Poisson y Jacobi de mediados del s. XIX (corchetes de Poisson) para desarrollar una nueva álgebra que le permitiera trabajar con las variables de la Mecánica Cuántica. Dirac desarrolló su formulación en dos trabajos completados en noviembre de 1925 y enero de 1926, y defendió su tesis doctoral en mayo de 1926 en la Universidad de Cambridge, la primera tesis en el nuevo campo de la Mecánica Cuántica [7-8].

Sin embargo, el camino intelectual emprendido por Heisenberg y Dirac con el álgebra de matrices resultó no ser el único posible. Se cuenta que Born y Heisenberg habían ido a consultar sus dificultades para manejar el nuevo formalismo matemático de matrices con el Prof. Hilbert, uno de los mayores genios de matemática de matrices y que también vivía en Gotinga. Hilbert les sugirió que las matrices de Heisenberg podían estar relacionadas con algún tipo de ecuaciones diferenciales, aún desconocidas, que podrían resultar de utilidad. A Born y Heisenberg les pareció una idea extraña y posiblemente errónea, así que decidieron no explorar aquella sugerencia. Pero el Prof. Hilbert tenía razón. A lo largo del año 1926 aparecieron en la revista Annalen der Physik [9] una serie de artículos firmados por Erwin Schrödinger, un físico de la Universidad de Zurich, que proponían una formulación alternativa de la Mecánica Cuántica basada en la Mecánica ondulatoria. En esta representación, el estado cuántico se representa por una función de onda que cumple una ecuación diferencial que se expresa en términos de un operador llamado Hamiltoniano. El propio Schrödinger demostró en marzo de 1926 [9] la equivalencia entre su formulación y la de Heisenberg, remarcando que la derivación se había realizado de forma totalmente independiente y la mayor belleza de sus ecuaciones.

En verano de 1926, Niels Bohr reunió en Copenhague a los principales actores de la teoría cuántica: Dirac fue contratado para su primer postdoc, invitó a Heisenberg como profesor visitante y a Schrödinger para realizar una estancia científica. Fue una época de debates intensos, para intentar comprender las implicaciones y la interpretación física de las nuevas teorías.

Bohr estaba convencido de que la mecánica ondulatoria propuesta por Schrödinger estaba directamente relacionada con la dualidad onda-corpúsculo observada para el fotón y el electrón. Se propone, entonces, una interpretación basada en conceptos probabilísticos: la función de onda descrita por Schrödinger está relacionada con la amplitud de probabilidad de encontrar la partícula en un determinado punto del espacio. En un trabajo publicado a principios de 1927, titulado "On the intuitive content of the quantum theory of kinematics and mechanics" [10], Heisenberg complementa esta idea con su famoso principio de incertidumbre: no es posible conocer con total precisión la posición **p** y el momento **q** de una partícula puntual de manera simultánea.

Figura 3 *Werner Karl Heisenberg en 1927 y el principio de incertidumbre (Public domain).*

La medida de esa incertidumbre es muy pequeña, del tamaño de la constante de Planck (h), por lo que solo es relevante a nivel microscópico. Sin embargo, esto confirma el cambio de paradigma radical respecto a la Mecánica Clásica que proporcionaba una descripción determinista de la trayectoria de una partícula si, en el instante inicial, se conocen los valores de **p** y **q** con toda precisión.

El carácter probabilístico y las incertidumbres asociadas son uno de los aspectos menos intuitivos del comportamiento cuántico, porque no encaja con el comportamiento cotidiano de los objetos de dimensiones macroscópicas. Sin embargo, se trata de una característica esencial de la naturaleza y es necesario tenerlo en cuenta para obtener un conocimiento preciso de los sistemas físicos. Por este motivo, el debate entre partidarios y detractores de la interpretación probabilística de la escuela de Copenhague se prolongó durante casi todo el s. XX con figuras destacadas a favor (Heisenberg, Born, Bohr, etc.) y en contra (Planck o Einstein entre otros).

2.2 "There is plenty of room at the bottom": de la Mecánica Cuántica a la Nanotecnología

Una vez se establecieron los principios de la Mecánica Cuántica se produjo un avance amplio y profundo de nuestro conocimiento de la materia a nivel microscópico con el desarrollo de distintas ramas de la Física Moderna como la Física Atómica y Molecular, la Física Nuclear y de Partículas Elementales o la Física del Estado Sólido. Así, esta comprensión de los principios microscópicos regidos por la Física Cuántica permite entender en profundidad el funcionamiento de los materiales a escala macroscópica y ha dado lugar a multitud de aplicaciones tecnológicas que hoy nos parecen cotidianas.

Un ejemplo de esta interrelación entre los avances en la ciencia básica y los desarrollos tecnológicos lo encontramos en una conferencia impartida en 1959 durante una reunión de la Sociedad Americana de Física por Richard Feynmann (premio Nobel de Física por sus contribuciones a la Electrodinámica Cuántica, Figura 4). El título de la conferencia "There is plenty of room at the bottom" ("hay mucho sitio al fondo") [11] es una invitación a entrar en un nuevo campo de la Física enfocado hacia objetos del tamaño de unos pocos átomos, mediante la mejora de las técnicas de miniaturización. Feynmann anima a la comunidad científica y técnica a pensar en nuevas maneras de escribir "un tomo entero de enciclopedia en la cabeza de un alfiler", nuevas maneras de leer, mirar "hasta ser capaces de ver la colocación de los átomos" y a copiar la eficiencia de los sistemas biológicos como el ADN en la codificación y manejo de la información. Al final de este camino tecnológico, Feynmann visualiza, décadas antes de su consecución, supercomputadoras de tamaño reducido que sean capaces de reconocer la cara de una persona o microdispositivos de cirugía capaces de avanzar por el interior de una vena para resolver de forma local un problema en una válvula del corazón.

Figura 4 *Richard Feynman en 1959. (Public domain).*

La figura 5 muestra un esquema de dónde podemos encontrar este nuevo campo de investigación que hoy conocemos como Nanociencia y Nanotecnología. El tamaño de los objetos cotidianos cuyo comportamiento conocemos bien por nuestra experiencia habitual (lanzar una pelota, por ejemplo) está en el centro de la escala (entre el km y el mm, como se enseña a los niños de Educación Primaria). Para un tamaño mil veces más pequeño que el milímetro, encontramos el micrómetro (μm): es el tamaño de muchas células y el límite aproximado de los detalles que podemos ver con luz visible. A medida que el tamaño se va reduciendo hacia el nm (1000 veces más pequeño que el μm y un millón de veces más pequeño que el mm), el comportamiento de los objetos empieza a cambiar en esa transición entre la Física Clásica y la Mecánica Cuántica. Es lo que llamamos la Física de los sistemas Mesoscópicos, ni grandes ni pequeños, más grandes que las moléculas y más pequeños que un grano de arena, en los que los efectos cuánticos empiezan a asomar en algunas propiedades concretas en función de las longitudes características de cada fenómeno físico.

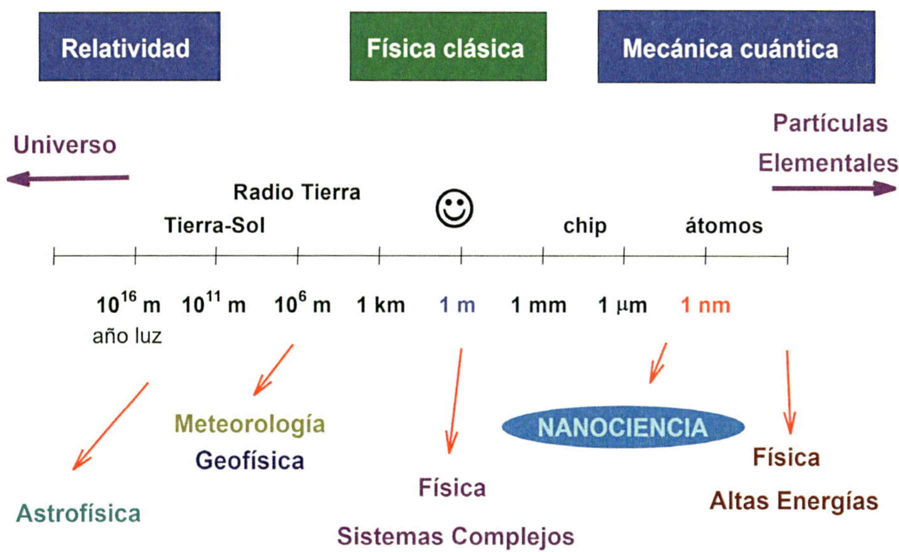

Figura 5 *Esquema del ámbito de aplicación de la Nanociencia en comparación con otras ramas de la Física*

La primera rama de la tecnología en aceptar este reto de la miniaturización para la mejora de la eficiencia y reducción de los costes ha sido sin duda la industria de la Microelectrónica. En 1965, el ingeniero Gordon Moore y co-fundador de Intel propuso su primera ley sobre la evolución temporal del número de componentes integrados en un microprocesador para minimizar el coste unitario [12]. Se trata de una gráfica con solo 5 puntos (con datos entre 1959 y 1965) que muestra una tendencia lineal en escala logarítmica. A partir de aquí, Moore hace la predicción de que el número de transistores por chip se duplicaría cada año durante la siguiente década. La industria de la microelectrónica ha mantenido esta ley de forma aproximada, duplicando el número de transistores por chip cada dos años, entre 1965 y 2020. En la actualidad, con microprocesadores que cuentan con más de 10.000 millones de transistores y elementos de circuito en el rango de los pocos nm la ley de Moore está llegando a los límites físicos de la miniaturización.

2.3 Segunda revolución cuántica: De la Mecánica Cuántica a las Tecnologías Cuánticas

A principios década de los 1930, Bohr y los físicos jóvenes de Copenhague aceptaban la interpretación probabilística como una característica esencial de la Mecánica Cuántica (es lo que se conoce como interpretación de Copenhague). Sin embargo, muchos otros físicos, como Einstein, lo consideraban como un método matemático, útil para obtener resultados, pero confiaban en la existencia de una realidad con un comportamiento determinista más allá de las ecuaciones de la Cuántica.

En 1935 se publicó un artículo famoso, firmado por Einstein, Podolski y Rosen titulado "¿Puede considerarse completa la descripción mecano-cuántica de la realidad física?" [13] donde exponían la aparente inconsistencia de alguna de las predicciones más extrañas de la Mecánica Cuántica. Se trata de un concepto denominado "entrelazamiento cuántico" por el cual las correlaciones entre dos partes distantes de un sistema cuántico permiten predecir el resultado de una medida en una parte del sistema mirando otra parte distante, lo que resulta incompatible con el requerimiento de localidad. Poco después, Schrödinger propuso otro ejemplo de esta extrañeza de la Mecánica Cuántica con el concepto de la superposición de estados cuánticos de su famoso gato [14] que ha entrado a formar parte de la cultura popular como paradigma del comportamiento Cuántico.

Las discusiones sobre la realidad física del entrelazamiento cuántico permanecieron en un nivel filosófico durante casi 30 años hasta que, en 1964, John Bell de la Universidad de Wisconsin, fue capaz de expresar de modo matemático una serie de predicciones concretas sobre correlaciones que podrían medirse experimentalmente [15-16] (las desigualdades de Bell) y que darían lugar a resultados diferentes en el marco de la Mecánica Cuántica o de la teoría de Einstein-Podolski-Rosen. Al principio, este trabajo pasó prácticamente desapercibido para la comunidad científica (solo recibió una autocita en los primeros tres años). El primer experimento que confirmó la realidad del entrelazamiento descrito por la Mecánica Cuántica se realizó en 1972, midiendo la polarización de pares de fotones emitidos por átomos de calcio [17]. Desde esa fecha se han ido sucediendo experimentos cada vez más sofisticados que han permitido ir cerrando las posibles "lagunas" experimentales y confirmando la realidad de la Mecánica Cuántica. Así, por ejemplo, se realizó un experimento de Bell cósmico en el observatorio astronómico de El Roque de los Muchachos en las islas Canarias [15]. Se emplearon las estaciones de tres telescopios situados a más de 500 m para la emisión y detección de pares de fotones entrelazados y la luz de quásares distantes para la generación de números aleatorios, evitando una posible "preselección" que afecte al resultado del experimento.

Figura 6 *Imagen del gato de Schrödinger en una sudadera de estudiantes de la Facultad de Ciencias de la Universidad de Oviedo*

Además de su interés fundamental, el entrelazamiento cuántico está en la base del algoritmo propuesto en 1995 por Peter Shor para la factorización de números enteros empleando un sistema cuántico en un tiempo mucho más breve que cualquier ordenador clásico [18]. Este avance supuso un impulso definitivo en el interés en la computación cuántica y la teoría de la información cuántica, como realidades de clara aplicación tecnológica, y el nacimiento de lo que hoy llamamos Tecnologías Cuánticas.

Para terminar, me gustaría señalar el hito que supuso el Quantum Manifesto [19] publicado en 2016, firmado por más de 3000 científicos, como una llamada a los Estados miembros de la Unión Europea para lanzar la iniciativa del "Quantum Flagship" y a movilizar la financiación necesaria para fomentar el liderazgo en el desarrollo de las Tecnologías Cuánticas. Esta iniciativa se ha concretado en un Roadmap [20] estructurado en cuatro líneas de investigación básica: *Comunicaciones*, para el desarrollo de protocolos seguros de comunicación basados en encriptación cuántica; *Computación*, para el desarrollo de qubits físicos y lógicos empleando las distintas plataformas disponibles (circuitos superconductores, átomos fríos, etc); *Simulación*, como una alternativa para algunos problemas de optimización especialmente ineficientes en ordenadores clásicos; y, por último, *Metrología, Sensores e Imágenes*, para el desarrollo de técnicas de medida más precisa a partir de sensores fotónicos, qubits de espín en diamante, relojes cuánticos, emisores de fotones individuales, etc. Finalmente, el Quantum Manifesto [19] también aborda la necesidad de desarrollar algoritmos y protocolos de control cuánticos, en paralelo con la investigación en hardware y dispositivos cuánticos, que permitan aprovechar todo el potencial de las Tecnologías Cuánticas en aplicaciones prácticas.

3

Quantum, Nano & Asturias

3.1 Del fotón a la nanofotónica

El fotón

Uno de los temas más controvertidos en el desarrollo de la Física clásica había sido la naturaleza de la luz. Dos teorías opuestas: la luz como onda o la luz como corpúsculo habían sido objeto de intensos debates en los que alternativamente predominaba una u otra interpretación. A finales del s. XVIII Newton era un firme defensor de la luz como partícula mientras que Hooke prefería la hipótesis ondulatoria. Y a lo largo de todo el s. XIX se sucedieron experimentos intentando clarificar el problema, como los experimentos de interferencias de Young o de difracción de Arago y Poisson. Finalmente, se llegó a un consenso claro de la luz como onda electromagnética gracias a la teoría desarrollada por Maxwell y los experimentos de Hertz. Parecía que apenas quedaba un par de detalles por entender, como la naturaleza del éter, un medio misterioso que llenaba el espacio, necesario para la propagación de estas ondas.

Sin embargo, a principios del s. XX nuevos resultados experimentales y propuestas teóricas rompen este consenso de la luz como onda, que tanto había costado alcanzar. Se considera que el inicio de la Física Cuántica ocurrió en el año 1900 cuando Planck propone la cuantización de la energía en múltiplos $E_n = nh\nu$ para explicar la radiación del cuerpo negro. En esta fórmula aparecen la frecuencia ν, la constante de Planck $h = 6{,}63 \times 10^{-34}\, J \cdot s$ como constante fundamental de la naturaleza, y n es un número entero. Cinco años después, Einstein publica un artículo largo [21] revisando la propuesta de Planck y haciendo una propuesta aún más revolucionaria: no solo está cuantizada la energía de los resonadores del cuerpo negro, sino que la luz misma está formada por "pequeñas moléculas" o "cuantos de luz" (fotones), cada uno de ellos con energía $E = h\nu$. De este modo, Einstein reproduce los resultados de Planck de una manera más rigurosa y, además, hace una predicción sobre la generación de rayos catódicos en presencia de luz (el efecto fotoeléctrico). Einstein cita un experimento preliminar de Lenard en 1902 donde se muestra que el umbral de voltaje U_0 del efecto fotoeléctrico depende del color de la luz utilizada (empleando dos fuentes de luz diferentes) y propone una expresión más general: si la idea del fotón es correcta, el voltaje umbral debe tener una dependencia lineal con la frecuencia de la luz empleada: $U_0 = W - \frac{h}{e}\nu$ donde e es la carga del electrón.

En 1916, Millikan publica un experimento cuidadoso de medidas de efecto fotoeléctrico [22] empleando luz monocromática que confirma la hipótesis de Einstein y proporciona la primera medida precisa de la constante de Planck. Sin embargo, Millikan, que ya había determinado también la carga del electrón y es uno de los mejores físicos experimentales de la época, no acaba de creerse la teoría de Einstein y comienza su artículo diciendo "*QUANTUM theory was not originally developed for the sake of interpreting photoelectric phenomena.... We are confronted, however, by the astonishing situation that these facts were correctly and exactly predicted nine years ago by a form of quantum theory which has now been pretty generally abandoned. It was in 1905 that Einstein made the first coupling of photo effects and with any form of quantum theory by bringing forward the bold, not to say the reckless, hypothesis of an electro-magnetic light corpuscle of energy hv, which energy was transferred upon absorption to an electron*" y continúa varias lineas criticando el escaso rigor de la teoría de los fotones de Einstein.

Fue necesario esperar hasta 1924 con la hipótesis de la dualidad onda-corpúsculo de Louis de Broglie para reconciliar ambas teorías en la naturaleza dual de la luz.

Es importante señalar que el valor tan pequeño de la constante de Planck es la razón por la que los efectos cuánticos no se perciben en la escala macroscópica en la que nos movemos las personas y, en general, es necesario bajar a la nanoescala para observar de forma clara la naturaleza cuántica de la materia.

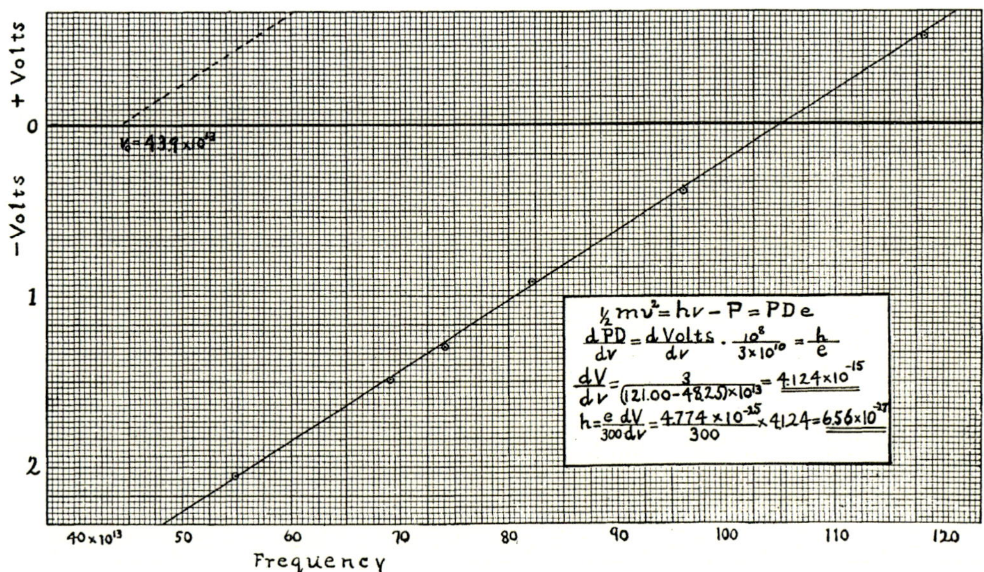

Figura 7 *Representación gráfica del voltaje umbral necesario para extraer electrones de un cátodo metálico en función de la frecuencia de la luz que permitió realizar la primera medida experimental de la constante de Planck. Adaptado de* [22]. *(Public domain)*

Nanofotónica en Asturias

Si le preguntamos a un alumno de Óptica del grado de Física nos diría que los detalles más pequeños que se pueden apreciar con luz visible son de varios centenares de nm. Esto es lo que se conoce como el criterio de Rayleigh y supone un obstáculo importante para llevar la luz a la nanoescala.

La estrategia elegida por el grupo de Nanofotónica y Óptica Cuántica de la Universidad de Oviedo ha sido trabajar en lo que se conoce como Microscopía Óptica de Campo Cercano con la detección de ondas evanescentes mediante una fibra óptica afilada que barre sobre la superficie de la muestra (Microscopía SNOM). Empleando esta tecnología, el físico asturiano Dr. Pablo Alonso González trabaja sobre la visualización y guiado de la luz empleando materiales bidimensionales como el grafeno y otros cristales de van der Waals. La interacción luz-materia da lugar a ondas Polaritonicas con una longitud de onda muy inferior a la luz visible, permitiendo su confinamiento en la nanoescala y su propagación anisotrópica [23].

Jugando con la geometría de las capas o con la combinación de dos capas de materiales bidimensionales rotados entre sí se amplía la versatilidad de comportamientos de los cristales estables en la naturaleza. Así, es posible obtener comportamientos especiales como la canalización de estas ondas polaritónicas para el desarrollo de circuitos fotónicos, resonadores autofocalizados por un fenómeno de refracción negativa, o la obtención de imágenes con super-resolución [25].

Otra estrategia para reducir la escala de la luz es el empleo de rayos X con longitudes de onda en la nanoescala. Podemos encontrar a antiguos alumnos de la Facultad de Ciencias de la Universidad de Oviedo liderando la investigación con instrumentos avanzados de rayos X en grandes instalaciones de radiación sincrotrón en lugares tan diversos como el sincrotrón inglés Diamond Light Source (Oxfordshire, UK) donde la física asturiana Dra. Mirian García estudia interacciones quirales en cristales de cuarzo [26], el Paul Scherrer Institute en Suiza, donde la física asturiana Dra. Ana Díaz trabaja en nanotomografía de rayos X con resolución suficiente para hacer imagen de neuronas [27] o el SLAC National Accelerator Laboratory de la Universidad de Stanford, donde el físico asturiano Dr. Roberto Alonso-Mori estudia la dinámica ultrarrápida de procesos de fotocatálisis [28].

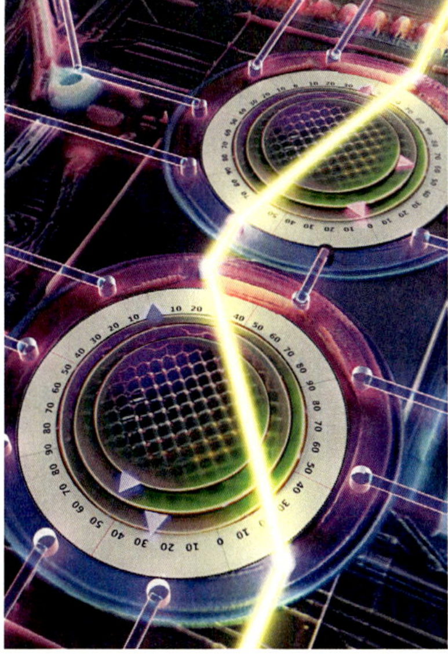

Figura 8 *Dispositivo óptico reconfigurable basado en tricapas de materiales de van der Waals del grupo de NanoOptica Cuántica de la Universidad de Oviedo* [24].

También podemos mencionar el trabajo de la física asturiana Prof. Beatriz Roldan Cuenya (Fritz Haber Institute of the Max Planck Society), en el desarrollo de técnicas de caracterización de procesos de catálisis heterogénea empleando la interacción luz-materia en el rango de los rayos X (espectroscopía de absorción de rayos X). Su trabajo ha permitido correlacionar estructura electrónica, morfología en la nanoescala y actividad catalítica *in situ* e *in operando* en reacciones de alto interés industrial como la reducción del CO_2 [29].

3.2 Del espín a la tomografía magnética

Efecto Zeeman y espín

Una de las propiedades más curiosas de los electrones es el espín, un momento angular intrínseco de carácter esencialmente cuántico y que lleva asociado un momento magnético [30]. En el primer cuarto del s. XX, la atención de los físicos cuánticos estaba centrada en explicar los espectros atómicos, los colores de la luz emitida por cada átomo que se organizaban en líneas espectrales de frecuencias bien definidas. A finales de 1924, gracias al modelo de Bohr-Sommerfeld y las contribuciones de Landé y Pauli se había conseguido una buena descripción general, pero había un detalle que faltaba por explicar, el llamado efecto Zeeman anómalo producido por un campo magnético sobre la luz de una lámpara de sodio. Al aplicar un campo magnético, las líneas espectrales se dividían formando conjuntos con un número par de líneas y, según la teoría vigente, este número debía ser impar. Y a los físicos nos gusta entretenernos dando vueltas a esas pequeñas preguntas sin respuesta ¿par o impar?

En enero de 1925, Kronig, un estudiante de 20 años de la Universidad de Columbia, llegó de visita a la Universidad de Tubingen, al grupo de Gerlach y Lande [30]. Estuvieron discutiendo una idea de Pauli, sobre un posible número cuántico adicional para explicar el efecto Zeeman anómalo y, aquella tarde, a Kronig se le ocurrió la primera idea del espín: el electrón era una pequeña esfera cargada que daba vueltas sobre sí misma. Se puso a calcular y, en unas pocas horas, consiguió explicar el efecto Zeeman en el sodio. El problema es que le sobraba un factor 2. Además, al discutirlo con Pauli, este desechó la idea y le puso objeciones serias a su trabajo. Así que Kronig se desanimó y abandonó la idea.

En otoño de 1925, Uhlenbeck, 24, y Goudsmit, 23, llegaron a la misma idea del espín de forma independiente y, nuevamente, también les sobraba un 2. Al discutirlo con su director, el profesor Paul Ehrenfest de Leiden, Holanda, este les comentó que podía ser una idea importante o una tontería así que debían consultarlo con un experto en electrodinámica. Escribieron un artículo breve y se lo mostraron al profesor Hendrik Lorentz, que prometió darles una respuesta en unos días. Y, nuevamente, Lorentz planteó tantas objeciones a la idea que Uhlenbeck y Goudsmit decidieron olvidarlo. Pero, Ehrenfest ya había enviado el artículo para publicar, no había problema ya que eran muy jóvenes y no pasaba nada por tener un primer artículo con una idea dudosa. Así fue como la idea del espín apareció en Nature en febrero de 1926 [31].

Y esta vez, la comunidad científica empezó a considerar la idea un poco más en serio. Llewellyn H. Thomas, 23, calculó la corrección relativista al modelo inicial del espín y consiguió eliminar ese 2 que sobraba en las ecuaciones. Esto convenció a Pauli de la validez de la idea y desarrolló el formalismo necesario para la descripción de espín que se usa en la actualidad (matrices de Pauli [32]). Resulta curioso que justamente en esta época Kronig se opusiera públicamente a la idea del espín del electrón [33] presentando objeciones fundadas sobre el espin total de átomos multielectrónicos que solo se resolvieron años más tarde con el descubrimiento del espín del protón y el neutrón.

Visualizando espines en la nanoescala desde Asturias

El conocimiento del espín está en la base de multitud de aplicaciones que hoy resultan cotidianas como las técnicas de resonancia magnética nuclear presentes en muchos hospitales. O en el desarrollo reciente de la espintrónica, una tecnología alternativa a la electrónica en la que se controla la propagación del espín del electrón en lugar de su carga eléctrica con el objetivo de reducir el consumo de energía y mejorar la eficiencia. Entre las distintas plataformas espintrónicas que se están explorando podemos destacar las propuestas de físicos asturianos sobre el potencial de los nanotubos de carbono [34] y la espintrónica molecular [35].

Existen distintas técnicas experimentales para investigar la configuración de los espines en los materiales y que son empleadas por los científicos asturianos como parte de su investigación. Así, por ejemplo, se llevan a cabo con regularidad experimentos de difracción de neutrones en el Instituto Laue-Langevin de Grenoble para analizar la estructura cristalina de aleaciones complejas mediante la interacción entre el espín del neutrón y los espines atómicos, con participación de científicos asturianos del grupo de Síntesis, Estructura y Aplicación Tecnológica de Materiales de la Universidad de Oviedo [36].

También es posible caracterizar el magnetismo en la nanoescala empleando el dicroísmo magnético de rayos X en grandes instalaciones tipo sincrotrón. Así, en la línea BOREAS del sincrotrón ALBA, liderada por el científico asturiano Dr. Manuel Valvidares, las técnicas de absorción, reflexión y dispersión en alto campo permiten realizar estudios detallados de la configuración magnética de distintos materiales incluyendo capas monoatómicas de materiales de van der Waals [37].

En el grupo de Nanociencia del Departamento de Física hemos tenido la oportunidad de participar en el desarrollo de la técnica de tomografía magnética de rayos X, en colaboración con científicos de la línea MISTRAL del sincrotrón ALBA. Las texturas magnéticas en las que estábamos trabajando son pequeños remolinos vectoriales, como el de la imagen, con una configuración tridimensional compleja en la nanoescala y, hasta el año 2015, solo habíamos podido verlas en imágenes planas. El profesor Salvador Ferrer, nos pidió unas muestras para probar el nuevo microscopio de rayos X, recién instalado en la línea MISTRAL, y las primeras imágenes mostraban una riqueza de contrastes como no habíamos imaginado y que nos permitían atisbar la presencia de singularidades magnéticas en el sistema.

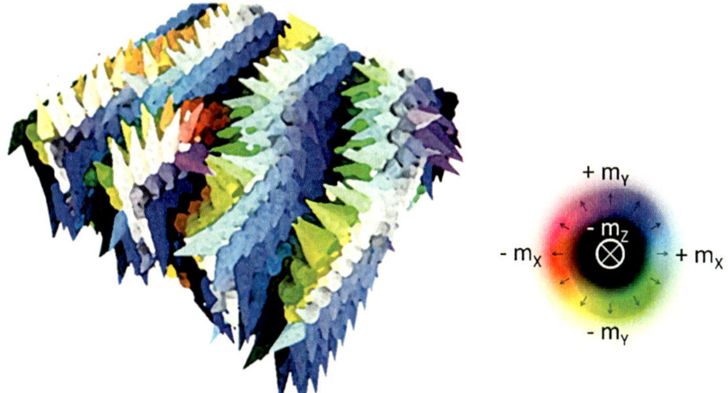

Figura 9 *Estructura tridimensional de espines en una multicapa de Ni-Fe/Nd-Co/Ni-Fe obtenida mediante reconstrucción tomográfica magnética en la línea MISTRAL del Sincrotrón ALBA*

Para entender los resultados nos embarcamos en el desarrollo de una nueva técnica de visualización de espines, la tomografía magnética de rayos X. Se trata de una técnica semejante a los TAC (Tomografía axial computerizada) que se emplean en Medicina para obtener una imagen 3D de los huesos, pero con sensibilidad a vectores magnéticos y resolución nanométrica. Empezó entonces un proceso largo de desarrollo de métodos de medida y algoritmos de análisis de imagen, con la participación destacada del científico asturiano Dr. Aurelio Hierro, que culminó con las primeras reconstrucciones tomográficas de puntos de Bloch en MISTRAL en 2020 [38].

3.3 Del origen microscópico del magnetismo a las bacterias magnetotácticas

Efectos cuánticos en el magnetismo

Todos tenemos imanes en la nevera o hemos jugado con una brújula en alguna ocasión, pero lo que quizás no conocemos es que el magnetismo es un fenómeno puramente cuántico, prohibido por la Física Clásica.

En 1905, Paul Langevin había publicado su teoría microscópica del magnetismo que conseguía explicar algunos hechos experimentales importantes como el diamagnetismo de metales y el paramagnetismo de Curie. Se trataba de una teoría, basada en la Física Clásica y la Mecánica Estadística, pero con algunas hipótesis *ad hoc* sobre el comportamiento de los electrones en el átomo que resultaban poco rigurosas. Esto motivó una serie de trabajos para intentar comprobar la fiabilidad del trabajo de Langevin [39]. En este contexto, Niels Bohr realizó una derivación rigurosa de la respuesta magnética de un gas de electrones en el marco de la Física Clásica y encontró que la imanación neta de un metal en equilibrio debe ser nula. Este resultado forma parte de su tesis doctoral sobre la teoría de electrones en metales defendida en 1911 en la Universidad Københavns [40]. La tesis doctoral estaba escrita en danés, de acuerdo con la normativa universitaria, lo que limitó la difusión de este resultado. En 1921, Hendrika Johanna van Leeuwen volvió a obtener un resultado semejante de forma independiente estudiando el magnetismo de gases en equilibrio [41]. No había duda, la aplicación rigurosa de la Física clásica al movimiento microscópico de los electrones prohibía la existencia de una respuesta magnética no nula.

Para resolver la contradicción entre la propuesta de Langevin (que describía correctamente los resultados experimentales) y las derivaciones teóricas rigurosas de Bohr y van Leewen (que los prohibían) fue necesario esperar a la llegada de la Mecánica Cuántica. El descubrimiento del espín permitió que Pauli en 1927 y J. H. van Vleck en 1929 pudieran sentar las bases de la teoría moderna del magnetismo de iones y electrones.

Asturianos en nanomagnetismo

El departamento de Física de la Universidad de Oviedo tiene una amplia tradición en el estudio de materiales magnéticos y sus aplicaciones, con varios grupos de investigación trabajando en este campo con técnicas de fabricación de nanohilos, nanopartículas y láminas magnéticas nanoestructuradas que incluyen desde el empleo de nanomoldes de alúmina porosa, la síntesis química, las técnicas de deposición de lámina delgada como la pulverización catódica o el Atomic Layer Deposition y las técnicas de litografía óptica y de haz de electrones [42-45].

En concreto, las nanopartículas magnéticas son materiales con un tamaño entre 1 y 100 nm, comparable a moléculas biológicas, virus y células por lo que pueden emplearse para interaccionar con ellos en aplicaciones de biomedicina [44]. Las nanopartículas magnéticas se sintetizan mediante técnicas químicas y pueden enlazarse con moléculas de interés biológico de manera selectiva. Así, la posibilidad de detectar y manipular los nanoimanes a distancia mediante campos magnéticos externos, se transfiere a las moléculas biológicas asociadas. De este modo, las nanopartículas magnéticas pueden actuar como "nano-etiquetas" o "nanoactuadores". Entre las aplicaciones biomédicas de más interés están la hipertermia con nanopartículas magnéticas o la fototermia localizada.

Podemos destacar el trabajo de la física asturiana Dra. Lourdes Marcano sobre las propiedades magnéticas de la bacteria *Magnetospirillum gryphiswaldense* [46]. Se trata de un microorganismo capaz de sintetizar nanopartículas de magnetita de manera natural. Este tipo de bacterias presentan características magnetotácticas, es decir, son capaces de desplazarse siguiendo la intensidad de un campo magnético externo. En el interior de la bacteria, se encuentran nanopartículas magnéticas recubiertas por una membrana lipídica, llamadas magnetosomas. Estas se organizan en forma de cadenas, como si fueran pequeñas agujas de brújula, lo que permite a la bacteria orientarse a lo largo de las líneas de campo magnético. En el trabajo de la Dra. Marcano se emplean técnicas avanzadas de caracterización (neutrones, rayos X, criotomografía, etc.) para mostrar como estas cadenas magnéticas adoptan una forma helicoidal debido a la competición entre la anisotropía de forma y magnetocristalina. La posibilidad de modificar la composición y configuración de estos magnetosomas hace que este tipo de bacterias estén recibiendo una gran atención por parte de la comunidad científica para aplicaciones en microrobots autopropulsados, imagen por resonancia magnética o hipertermia magnética.

3.4 De los electrones y huecos a la microelectrónica

El transistor de estado sólido

Entre 1928 y 1931, un grupo de científicos de la Universidad de Leipzig estuvo trabajando de forma activa bajo la dirección de Heisenberg en comprender las propiedades de los electrones en cristales empleando los nuevos métodos de la Mecánica Cuántica [2]. La descripción a nivel microscópico de los electrones como ondas de Bloch en un potencial periódico y su particular estadística al tratarse de partículas indistinguibles (estadística de Fermi) permitió entender la diferencia entre conductores y aislantes, introduciendo el concepto de banda de energía. En 1931, Heisenberg propuso el concepto de hueco o estado electrónico vacío equivalente a una partícula cargada con carga positiva.

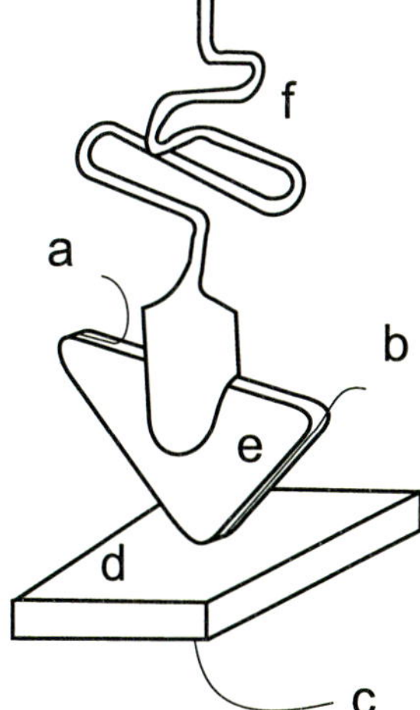

Figura 10 *Los inventores del transistor John Bardeen, William Shockley and Walter Brattain en 1948 junto a un esquema del circuito empleado. (Photo of (from left) John Bardeen, William Shockley and Walter Brattain, the inventors of the transistor, 1948. AT&T; photographer: Jack St. Public domain & Brattain and Bardeen first transistor; M de Vicente 2014. Public domain)*

Esto proporcionó el marco teórico necesario para entender las propiedades de los materiales semiconductores (como el silicio, que es la base de la industria microelectrónica actual). En estos materiales, la conductividad está determinada por la concentración de electrones y huecos que se puede modificar y controlar a nivel local con gran precisión jugando con la presencia de distintos tipos de impurezas.

Al terminar la segunda guerra mundial los Laboratorios Bell en New Jersey iniciaron un programa de trabajo sobre semiconductores con el objetivo de obtener dispositivos electrónicos que pudieran tener un menor tamaño y una mejor eficiencia energética que los tubos de vacío de uso en aquel momento. En 1947, el grupo liderado por William Shockley presentó el primer prototipo de transistor construido con un cristal de germanio, fruto del trabajo llevado a cabo por John Bardeen y Walter Brattain. Me gustaría señalar la trayectoria interdisciplinar de Bardeen, la única persona que ha recibido dos veces el premio Nobel de Física, la primera en 1956 por la invención del transistor y la segunda en 1972 por desarrollar la teoría de la superconductividad. Bardeen había estudiado ingeniería eléctrica en la Universidad de Wisconsin y empezó trabajando en geofísica para la Gulf Oil Company de Pittsburgh. Posteriormente, hizo su tesis doctoral en Física Teórica en Princeton bajo la dirección de Wigner y, tras un periodo de investigación militar para la Navy durante la guerra, fue invitado por Shockley a unirse al equipo investigador de los Bell Labs. En principio, Bardeen era el físico teórico encargado de revisar los cálculos del dispositivo propuesto por Shockley mientras su colaborador Brattain estaba en el laboratorio con la parte experimental, pero muchas veces Bardeen ayudaba con las medidas experimentales. En diciembre de 1947, demostraron por primera vez el funcionamiento de un transistor dipolar empleando un cristal de germanio dopado n, con una fina capa de inversión tipo p y tres contactos de oro. Se mantuvo la confidencialidad del dispositivo mientras se tramitaba la patente y se preparaban dos artículos científicos [47] y, finalmente, el transistor se presentó a la prensa en junio de 1948.

Asturianos en Microelectrónica

El transistor fabricado por Shockley, Bardeen y Brattain era un prototipo de varios mm de tamaño. Las últimas generaciones de microprocesadores de los ordenadores modernos cuentan con más de 10.000.000 de transistores y el tamaño de los elementos más pequeños de cada transistor está en un rango inferior a los 10 nm. Esta miniaturización de los componentes se ha traducido en la mejora exponencial de las prestaciones de los sistemas electrónicos y ha requerido el desarrollo continuo de técnicas de litografía que permitiesen fabricar circuitos a escalas cada vez más reducidas y en la necesidad de comprender desde el punto de vista teórico el comportamiento físico de los materiales en la nanoescala.

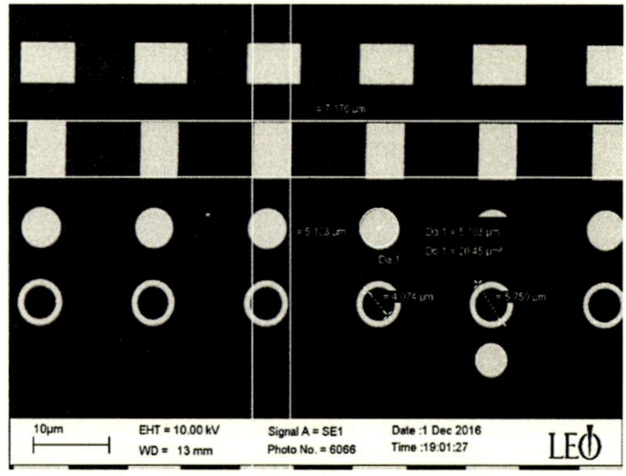

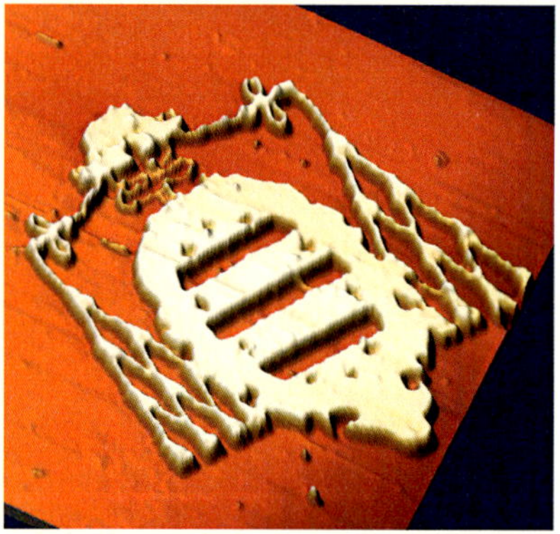

Figura 11 *Elementos de tamaño micrométrico fabricados en la Unidad de Nanotecnología de los SCT de la Universidad de Oviedo*

En los Servicios Científico Técnicos de la Universidad de Oviedo contamos con dos sistemas de litografía en la Unidad de Nanotecnología: un sistema de litografía óptica y otro de litografía electrónica con la capacidad de fabricar estructuras en el rango de los centenares de nm. Asimismo, el grupo de Óptica Integrada del Departamento de Física cuenta con un sistema de litografía laser de escritura directa que permite la miniaturización de sistemas ópticos y de microfluídica para aplicaciones biológicas [48].

Desde el punto de vista teórico, podemos destacar el trabajo del físico asturiano Prof. Javier Junquera, actualmente en la Universidad de Cantabria, en la simulación de propiedades de materiales en la nanoescala en forma de nanoestructuras o láminas ultradelgadas [49].

Por último, me gustaría señalar la trayectoria interdisciplinar del físico asturiano Dr. Rubén Alvarez: tras obtener la licenciatura de Matemáticas en la Universidad de Oviedo, continuó con los estudios de la licenciatura de Física, también en la Facultad de Ciencias de Oviedo, y realizó su tesis doctoral en el Instituto de Microelectrónica de Madrid. Con esta formación amplia de carácter experimental (microfabricación, semiconductores) y teórica (estadística, análisis de errores) entró a trabajar en la empresa ASML en Eindhoven donde ha desarrollado su carrera profesional como ingeniero de diseño. La empresa ASML es líder mundial en el diseño de máquinas de fabricación de microprocesadores con las técnicas de litografía más avanzadas (Extreme Ultraviolet Lithography) que son capaces de definir circuitos con dimensiones en la escala de los nm sobre áreas de varios cm^2 minimizando errores de fabricación.

3.5 Superconductores: del SQUID al qubit

SQUID: Superconducting QUantum Interference Device

Uno de los fenómenos más complejos en Física de la Materia Condensada es la Superconductividad. Descubierto en 1911, se tardó más de 50 años en tener una teoría satisfactoria. Se trata de materiales que conducen la electricidad sin resistencia eléctrica y que muestran un comportamiento cuántico a escala macroscópica. La clave está en la formación de parejas de electrones (pares de Cooper), que forman un condensado a baja temperatura. La función de onda que los describe se extiende de forma coherente en toda la longitud del cable superconductor con resistencia cero.

Esta coherencia macroscópica se observa en la cuantización del flujo magnético, que penetra en el material formando pequeños remolinos de corriente eléctrica o vórtices superconductores. Y encuentra su aplicación en el primer dispositivo cuántico: el SQUID o Superconducting QUantum Interference Device inventado en 1964 en los Laboratorios de Investigación de la Ford Motor Co., en Dearborn, Michigan [50].

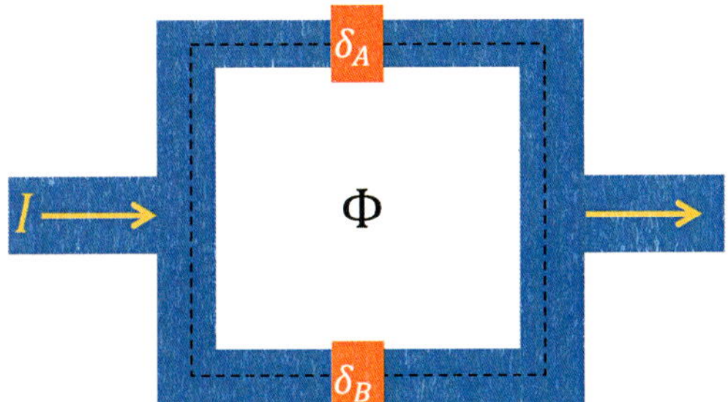

Figura 12 *Esquema de un circuito SQUID con dos uniones Josephson en paralelo para generar la interferencia cuántica en función del flujo magnético encerrado*

En la década de los años 1960-1970 había un interés especial en la investigación en superconductividad, con posibles aplicaciones muy variadas desde redes eléctricas sin resistencia a trenes o coches levitando. En particular, después del descubrimiento del efecto túnel superconductor en 1962 por Brian Josephson, un estudiante de doctorado de la Universidad de Cambridge, muchos laboratorios industriales empezaron a trabajar en el desarrollo de circuitos superconductores como posibles unidades lógicas de alta frecuencia (el voltaje en una unión túnel superconductora oscila en frecuencias próximas a los 500 GHz una vez superado el umbral de corriente crítica superconductora).

En el laboratorio de la Ford, había una sección de investigación básica dedicada al estudio de la resonancia magnética nuclear y la criogenia. Y allí, ocurrió el descubrimiento del SQUID por esa mezcla de suerte e intuición física, que a veces se llama serendipia. En 1963, John Lambe introdujo en su criostato una muestra de silicio, con contactos eléctricos soldados con indio, para estudiar las resonancias en presencia de un campo magnético. Sin embargo, cuando la muestra se enfrió a 4 K, antes de encender el imán, empezó a emitir señal de origen desconocido. Al encender el campo magnético, empezaron a aparecer miles de líneas de resonancia inesperadas. En principio, era una muestra como otras muchas que ya habían medido antes. ¿Por qué se comportaba así?

Intuyeron que el nuevo comportamiento estaba relacionado con la transición superconductora del Indio (a 4 K) y, al consultar con sus colegas, James Mercereau comentó que podría tratarse de una unión túnel superconductora, como las que Brian Josephson había descrito en una conferencia reciente. Se dieron cuenta de que, por accidente, habían formado uniones Josephson en las grietas de los contactos de Indio que actuaban como sensores ultrasensibles de campo magnético gracias a la interferencia cuántica entre dos uniones superconductoras (ver Figura 12). Estos resultados se publicaron en un artículo científico en Physical Review Letters en 1964 [51] y fueron la base de un programa de desarrollo en la Ford para intentar comercializar esta tecnología primero fabricando uniones en lámina delgada y, posteriormente, a partir de hilo de niobio. Sin embargo, los SQUIDs están bastante lejos de la industria del automóvil y la Ford no puso gran empeño en el desarrollo de un prototipo suficientemente reproducible y barato para que su comercialización fuese viable. Finalmente, los primeros SQUIDs comerciales fueron dispositivos de Nb-AlOx-Nb comercializados por la compañía de Superconducting Helium Electrones, fundada por Zimmerman uno de los inventores del SQUID, que fabricaba tanto los SQUIDs como los refrigeradores de Helio necesarios para su funcionamiento.

A día de hoy, los SQUIDs se han consolidado como los detectores de referencia de campos magnéticos débiles tanto en laboratorios de investigación como en aplicaciones geológicas o de medida señales magnéticas cerebrales. En especial, los SQUIDs son la base de los Qubits superconductores tipo TRANSMON empleados por Google en su procesador cuántico Sycamore.

Asturianos en superconductividad

Uno de los campos principales de aplicación de la superconductividad es el transporte de corriente eléctrica sin disipación de energía, es decir, con resistencia cero. En la práctica, esto se traduce en la optimización de las propiedades de materiales superconductores para inmovilizar los vórtices superconductores, remolinos de corriente con flujo magnético cuantizado.

En este ámbito se puede señalar el trabajo desarrollado por el físico asturiano Dr. Pablo Cayado en el ICMAB (CSIC) y en el Karlsruhe Institute of Technology para la optimización de los procesos de fabricación de nanocomposites de YBa2Cu3O7, un material de alta temperatura crítica de aplicación en cintas superconductoras comerciales [52].

También podemos destacar la trayectoria del físico asturiano Dr. Alejandro Alija en la intersección entre el mundo de la investigación básica y la empresa. El Dr. Alija hizo su tesis en la Universidad de Oviedo estudiando el anclaje de vórtices superconductores en láminas nanoestructuradas de niobio [53], en colaboración con la Universidad Complutense de Madrid. Posteriormente, pasó a trabajar en el desarrollo de sensores en el departamento de I+D+i de empresas como Ingenieros Asesores. Y, finalmente, aprovechando su experiencia en digitalización y tratamiento de datos, fundó la compañía Galeo Tech en 2019 junto con Dr. Marco Laucelli (también doctor en Física Teórica por la Universidad de Oviedo). Esta empresa tecnológica localizada inicialmente en Madrid está dedicada al diseño y operación de plataformas de datos innovadoras y ha abierto sede en Oviedo en 2024.

3.6 Del efecto túnel a las microscopías de barrido de punta

Microscopio Túnel de Barrido (STM)

Una de las consecuencias más sorprendentes de la dualidad onda corpúsculo de los electrones es su capacidad de atravesar una barrera suficientemente delgada, un comportamiento prohibido dentro de la Física Clásica.

En 1978, en los laboratorios de investigación de IBM en Zurich, Binning y Rohrer estaban estudiando el efecto túnel de uniones Josephson, como parte de los proyectos con interés comercial de la empresa [54]. Estaban interesados en una caracterización local de las capas de óxido en superficie, que pueden generar problemas de reproducibilidad en el comportamiento de los dispositivos, pero en aquel momento no existía ningún microscopio capaz de observar una superficie a nivel atómico. Tras varias semanas de discusiones, Binning y Roher se dieron cuenta de que el sistema de efecto túnel en vacío que se estaba planeando en el laboratorio podría servir no solo para hacer una caracterización espectroscópica local sino, también, para obtener información topográfica de la superficie. Se trataba de aprovechar la fuerte dependencia de la corriente túnel entre una punta metálica fina y una superficie conductora con la distancia entre la punta y la superficie. La medida de esta corriente haciendo una serie de barridos en líneas paralelas sería la clave para obtener la información topográfica a escala atómica. Es una idea parecida a la imagen que obtiene un ciego cuando pasa los dedos por encima de una superficie con letras en Braille.

Los investigadores de IBM empezaron registrando una patente con su idea para un nuevo tipo de microscopio y empezaron el proceso de desarrollo a lo largo de varios años. Binnig y Roher tuvieron que superar multitud de desafíos técnicos: inventar nuevos desplazadores piezoeléctricos para el control del movimiento de la punta con resolución atómica, integrar el dispositivo de efecto túnel dentro de una cámara de ultra alto vacío y, muy importante, desarrollar sistemas suficientemente buenos de amortiguación de vibraciones. La idea inicial de emplear levitación superconductora resultó demasiado compleja técnicamente y fue sustituida por un sistema de muelles con amortiguación eléctrica.

Finalmente, en 1982, Binning y Roher publicaron las primeras imágenes de la superficie de Silicio (111) con resolución atómica [55], mostrando la reconstrucción 7x7 que hasta aquel momento era una hipótesis debatida.

El microscopio de efecto túnel STM abrió un nuevo campo de Física de Superficies y una nueva rama de la microscopía con técnicas basadas en barrido de punta llamados microscopios de Fuerza Atómica que permiten obtener imágenes con resolución atómica tanto en superficies conductoras como aislantes.

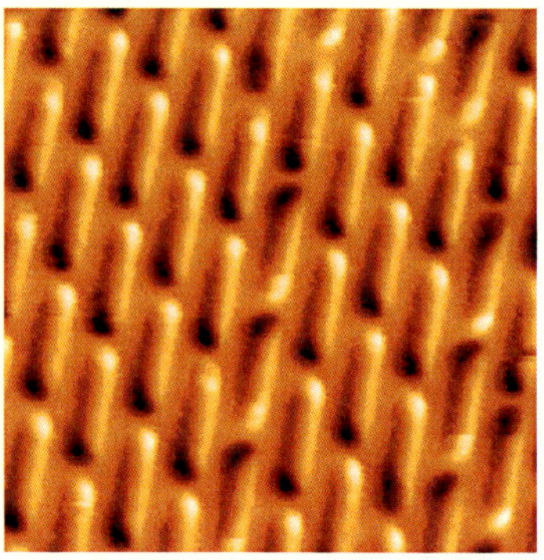

Figura 13 *Imágenes de láminas nanoestructuradas para vidrios de espin obtenidas con el microscopio de fuerza atómica (AFM) de la Unidad de Nanotecnología de los SCT de la Universidad de Oviedo (topografía y señal magnética)*

Asturianos en Microscopía de Fuerzas

Los microscopios de barrido de punta nos permiten visualizar las superficies en la nanoescala, caracterizar sus propiedades eléctricas, mecánicas o magnéticas e incluso manipularlos de manera controlada, por tanto, resultan una herramienta esencial en Nanotecnología.

En los Servicios Científico Técnicos de la Universidad de Oviedo contamos con dos microscopios de fuerza atómica (AFM) en la Unidad de Nanotecnología, uno de ellos de propósito general que permite caracterizar la topografía en la nanoescala en muestras de interés para investigadores en distintos ámbitos (física, química, biología, etc) y otro equipado con campo magnético para realizar medidas de microscopía de fuerza magnética (MFM).

Por otra parte, en el Campus de Mieres está instalado el laboratorio del grupo de Ciencia de Superficies, integrado por investigadores del CSIC y de la Universidad de Oviedo, como parte del Centro de Investigación en Nanomateriales y Nanotecnología que cuenta con un microscopio STM en ultra-alto vacío y baja temperatura. Recientemente, han obtenido las primeras imágenes de alta resolución empleando moléculas orgánicas tipo estarfeno-19, formadas por anillos de benceno organizados en forma de estrella de tres ramas [56].

Podemos mencionar también la trayectoria del Dr. Hector Corte, físico asturiano que hizo su tesis doctoral en el desarrollo de sensores magnéticos para nanopartículas y ha desarrollado gran parte de su carrera en el Laboratorio Nacional de Metrología del Reino Unido (National Physical Laboratory) en el ámbito de las microscopías de barrido de punta multifuncionales (MFM, Kelvin probe). En la actualidad, forma parte de la empresa Nanosurf especialista en el diseño y comercialización de microscopios de fuerza atómica multifuncionales.

3.7 Del láser a la computación cuántica con átomos fríos

El LASER: Light Amplification by Stimulated Emission of Radiation

Einstein, en un trabajo publicado en 1917 sobre la Teoría Cuántica de la radiación, había descrito tres formas fundamentales de interacción luz-materia: absorción, emisión espontánea y emisión estimulada [57]. Este último tipo de emisión no es fácil de observar en las condiciones habituales de equilibrio termodinámico, sino que requiere un estado que se conoce como "inversión de población", es decir con una población más elevada en un estado de mayor energía respecto a otro de menor energía. Sin embargo, la emisión estimulada tiene la propiedad interesante de generar cuantos de luz coherentes, con la misma frecuencia y fase de oscilación que la radiación que estimula la emisión.

La dificultad técnica de generar la inversión de población de un sistema físico retrasó hasta 1954 el primer dispositivo de amplificación de la radiación utilizando el mecanismo de emisión estimulada: el máser de amoniaco, descrito por el grupo del Prof. Townes en la Universidad de Columbia [58]. Se trataba de un dispositivo que trabajaba con haces moleculares para obtener la emisión estimulada de radiación en el rango de las microondas, con longitudes de onda en el rango de 1,5 cm. La luz visible tiene longitudes de onda de centenares de nanómetros, unas 10.000 veces más pequeñas que las del máser de amoniaco, por lo que reproducir el fenómeno del máser con luz visible suponía un cambio de plataforma tecnológica: del radar a la óptica.

El primer láser de rubí fue construido en 1960 por Maiman en los Hughes Research Laboratories [59], de la compañía de aviación Hughes Aircraft. Estaba formado por un cristal de rubí entre dos espejos plateados (formando una cavidad Fabry-Perot) y utilizaba como fuente de radiación incidente una lámpara de Xenon.

El Láser pronto se convirtió en una herramienta esencial en multitud de aplicaciones industriales, desde la medicina hasta la metrología, lo que generó un negocio multimillonario y una guerra de patentes que duró más de 30 años entre los investigadores involucrados en su desarrollo conceptual.

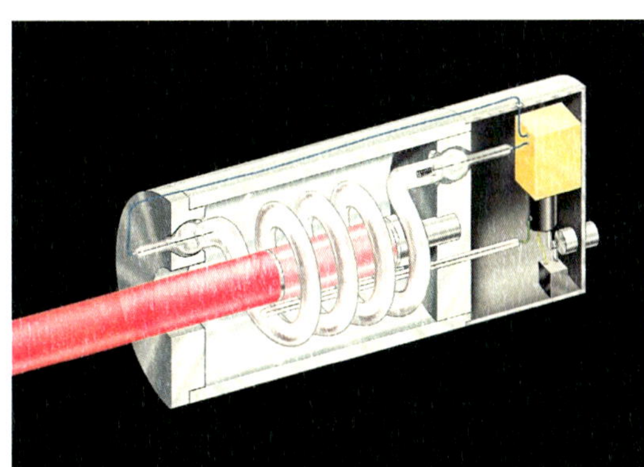

Figura 14 *Diagrama aproximado del primer láser de rubí. (An approximate diagram of Ted Maiman's original ruby laser, US Gov. Dept. Energy 1988. Public domain)*

Láseres, átomos fríos y computación cuántica en Asturias

En la Universidad de Oviedo contamos con el grupo de Espectroscopía de Láseres y Plasmas, en el que varios físicos asturianos como el Prof. Jorge Pisonero o la Dr. Cristina González-Gago emplean la ablación láser para investigar las propiedades de plasmas con técnicas de espectroscopía [60]. También podemos destacar en este campo la trayectoria de físico asturiano Dr. Ángel Rodríguez, científico de línea en el Laser de electrones libres (XFEL) europeo, situado en Alemania, y que genera haces coherentes de rayos X de alta intensidad [61].

Finalmente, podemos mencionar que, en el Centro de Investigación de Nanomateriales y Nanotecnología (CINN) en El Entrego, el físico asturiano Dr. Daniel Barredo está poniendo a punto un Laboratorio de Simulaciones Cuánticas empleando tecnología de átomos fríos [62]. El Dr. Barredo, con una amplia experiencia en física de superficies y átomos de Rydberg, colaboró en el desarrollo de una plataforma para simulaciones cuánticas en el grupo del Prof. Browaeys del Institut d'Optique (Palaiseau, Francia) basada en redes programables de átomos individuales, atrapados con pinzas ópticas y excitados en estados de Rydberg [63]. Estos simuladores cuánticos permiten el control individual de más de ~200 qubits y se emplean para obtener la solución de problemas de Física de la Materia Condensada y problemas de optimización más generales.

En esta tecnología se emplean haces laser para enfriar los átomos hasta el rango del mK, y haces láser focalizados para generar trampas para átomos neutros con un volumen lo suficientemente pequeño (en torno a la μm) para garantizar que cada una de ellas solo pueda estar ocupada por un único átomo. Pinzas ópticas dinámicas permiten cargar las trampas de forma eficiente y, a continuación, se emplean haces láser para excitar los átomos en estados Rydberg que permitan la interacción entre los qubits. Así, es posible construir estados cuánticos fuertemente correlacionados y simular el comportamiento de un sistema físico con un Hamiltoniano concreto (modelos de espin, materia topológica, etc.). En los próximos años, este grupo de investigadores del CINN espera desarrollar, aquí en Asturias, uno de los primeros prototipos de ordenador cuántico de España empleando la tecnología de átomos fríos.

3.8 There is still plenty of quantum physics at the bottom (and at the top) @Asturias

En estas páginas he mostrado una panorámica rápida de algunos conceptos relevantes en Nanociencia y Tecnologías Cuánticas y su conexión con Asturias. Sin embargo, parafraseando a Feynmann en su famosa charla de 1959, aún hay mucha nueva Física Cuántica por descubrir "at the bottom" (en escalas espaciales cada vez más pequeñas y energías cada vez más elevadas) y también "at the top" en las escalas cada vez más grandes que engloban galaxias y el Universo en su conjunto. Así, podemos encontrar a físicos asturianos, egresados de la Facultad de Ciencias, trabajando en lo más pequeño (como las partículas elementales en colaboración con el CERN [64]), en escalas intermedias como en el desarrollo computacional de nuevos materiales [65] y, también, en lo más grande a través del Instituto de Ciencias y Tecnologías Espaciales de Asturias (ICTEA) [66].

4

Reflexiones finales

A lo largo de estas páginas he querido mostrar una visión de la ciencia y las tecnologías cuánticas cercana a las personas que hacemos la Ciencia. Y es que, si bien la Ciencia es una disciplina objetiva basada en experimentos, datos y ecuaciones, es importante recordar que la Ciencia la hacemos los científicos. Y es aquí donde el papel de la Universidad, como formadora de científicos, resulta esencial ya que la contribución de cada uno de ellos al avance del conocimiento durante su carrera profesional proporciona un retorno a largo plazo, difícil de medir en estadísticas concretas pero esencial para la sociedad.

En Asturias, la Facultad de Ciencias lleva más de 30 años como sede de los estudios de Física y Matemáticas en la Universidad de Oviedo. La primera ola de físicos y matemáticos asturianos, formados en los planes de estudios de Licenciatura, estudiaron en una Facultad pequeña, casi familiar, con un par de centenares de alumnos entre las dos titulaciones. Ahora, muchos de ellos son científicos con un perfil muy vocacional, una gran capacidad de salir adelante ante los retos y de encontrar caminos creativos para desarrollar su carrera investigadora.

Algunos de estos físicos asturianos, egresados de la Facultad de Ciencias, están citados en la sección de Quantum, Nano & Asturias (se pueden encontrar sus nombres marcados en negrita en la Bibliografía). Si repasamos sus trayectorias, vemos una tendencia común: al salir de la Facultad, con su licenciatura o doctorado recién terminado, se han ido desperdigando por el mundo y en sectores muy variados del sistema de I+D+i. Encontramos físicos asturianos en grandes instalaciones como los Sincrotrones europeos y americanos, en instalaciones de difracción de neutrones, en los laboratorios de Física de Altas Energías del CERN, en los observatorios astronómicos internacionales, en centros de investigación del Instituto Max Planck, del CNRS francés o del CSIC español, en Universidades de Francia, Alemania, Suiza, Dinamarca, USA... y en empresas tecnológicas de muy distinto ámbito. Del mismo modo que, en 1925, la alta movilidad internacional y el ambiente de colaboración y competición intelectual fueron clave en el desarrollo de la Mecánica Cuántica, ahora en 2025, nuestros antiguos alumnos están participando en la expansión de la frontera del conocimiento en Nanociencia y Tecnologías Cuánticas. Y, cuando surge la ocasión, también los encontramos de "vuelta a casa" poniendo en marcha grupos de investigación en temas punteros de computación cuántica, nanofotónica o nanomagnetismo, o gestionando nuevas oportunidades tecnológicas en el Principado de Asturias.

La segunda ola de físicos y matemáticos asturianos, formados a lo largo de los últimos 15 años con los grados de los planes de Bolonia, se han encontrado con una Facultad mucho más grande, con una fracción significativa de estudiantes procedentes de otras comunidades autónomos y en la que más de setecientos alumnos se entremezclan cada día siguiendo los distintos itinerarios de grados simples y dobles grados. El resultado es un ambiente intelectual muy dinámico, con una fuerte interrelación entre alumnos de distintos cursos y en el que surgen iniciativas variadas promovidas por los mismos estudiantes de grado. En este último curso, han partido de nuestra Facultad de Ciencias eventos como la Fase Final de la Liga Matemática Española con participación de equipos de distintas universidades españolas (Oviedo, abril 2025, organizada por la Asociación Nacional de Estudiantes de Matemáticas) o el congreso Nanoparadise (Oviedo, abril 2025, sobre temática de nanofísica y nanomateriales, con participación de cuarenta estudiantes internacionales, organizado por el Grupo de Estudiantes de la Real Sociedad Española de Física). Y, también, una delegación de físicos asturianos representó a España en el International Physics Tournament en Varsovia (abril 2025), donde se enfrentaron a problemas como conseguir lanzar un cohete de agua lo suficientemente alto para quedar atrapado en el tejado de la Facultad, comprender las ecuaciones de propagación de una llama en un quemador circular o estudiar cómo aterrizan las pompas de jabón.

Hoy en día, la madurez de un científico es una carrera larga, y aún es pronto para valorar las contribuciones de esta segunda ola de egresados de nuestra Facultad de Ciencias según se van desplegando no solo en el ámbito científico nacional e internacional sino también en el ámbito empresarial cada vez con mayor intensidad. Lo que es seguro es que, mañana, cuando entremos en nuestras aulas con el inicio de curso, nos espera una nueva generación de futuros científicos, con sus caras mitad de orgullo porque han conseguido llegar a la Universidad, mitad de miedo porque no saben muy bien donde han llegado y, aunque aún les falte bastante rigor matemático, con muchas ganas de trabajar y mucha creatividad para plantear ideas nuevas.

5

Bibliografía

[1] https://quantum2025.org/

[2] Siegmund Brandt, "The harvest of a century: discoveries of modern physics in 100 episodes" Oxford, United Kingdom, Oxford University Press (2009).

[3] William H Cropper, "Great Physicists: the life and times of leading physicists from Galileo to Hawking", Oxford, United Kingdom, Oxford University Press (2001).

[4] Phillip Ball, "The Tumultuous Birth of Quantum Mechanics", Physics 18, 24 (2025).

[5] W. Heisenberg, "Über quantentheoretische Umdeutung kinematischer und mechanischer Beziehungen (On the quantum-theoretical reinterpretation of kinematical and mechanical relationships)," Z. Physik 33, 879 (1925).

[6] M. Born, W. Heisenberg, and P. Jordan, "Zur Quantenmechanik II (On Quantum Mechanics II)" Z. Physik 35, 557–615 (1926).

[7] P. Dirac, "The fundamental equations of quantum mechanics" Proc. R. Soc. Lond. A 109, 642–653 (1925).

[8] P. Dirac, "On the theory of quantum mechanics" Proc. R. Soc. Lond. A 112, 661-677 (1926).

[9] Erwin Schrödinger, "Collected Papers on Wave Mechanics", Minkowski Institute Press, Montreal (2020).

[10] W. Heisenberg, "Über den anschaulichen Inhalt der quantentheoretischen Kinematik und Mechanik (On the intuitive content of quantum theoretical kinematics and mechanics)" Z. Physik 43, 172-198 (1927).

[11] Richard P. Feynman, "There's Plenty of Room at the Bottom" Engineering and Science, 23 (5), 22-36 (1960).

[12] G. E. Moore, "Cramming more components onto integrated circuits, Reprinted from Electronics, vol. 38 (8),114 (1965)" en IEEE Solid-State Circuits Society Newsletter, 11(3), 33-35 (2006).

[13] A. Einstein, B. Podolsky, and N. Rosen, "Can Quantum-Mechanical Description of Physical Reality Be Considered Complete?", Phys. Rev. 47, 777 (1935).

[14] E. Schrödinger, "Die gegenwärtige situation in der quantenmechanik (The Present Status of Quantum Mechanics)" Naturwissenschaften 23, 807 (1935).

[15] David Kaiser, "Hippies, Bell tests, and a career studying quantum entanglement" Physics Today (Mayo 2025); doi.org/10.1063/pt.lslf.ywsy

[16] J. S. Bell, "On the Einstein Podolsky Rosen paradox" Physics Physique Fizika 1, 195 (1964).

[17] S. J. Freedman and J. F. Clauser, "Experimental test of local hidden-variable theories" Phys. Rev. Lett. 28, 938 (1972).

[18] B. M. Terhal, M. M. Wolf and A. C. Doherty, "Quantum entanglement: A modern perspective", Physics Today 78, 40–46 (2025).

[19] Quantum Manifesto 2016 http://qurope.eu/manifesto

[20] Antonio Acín *et al.,* "The quantum technologies roadmap: a European community view" New J. Phys. 20, 080201 (2018).

[21] A. Einstein, "Über einen die Erzeugung und Verwandlung des Lichtes betreffenden heuristischen Gesichtspunkt (On a Heuristic Point of View about the Creation and Conversion of Light)" Annalen der Physik 17, 132-147 (1905).

[22] R. A. Millikan. "A direct photoelectric determination of Planck's " Phys. Rev. 7, 355 (1916).

[23] W. Ma, **P. Alonso-González**, S. Li, A. Y. Nikitin, J. Yuan, J. Martín-Sánchez, **J. Taboada-Gutiérrez**, I. Amenabar, P. Li, S. Vélez, C. Tollan, Z. Dai, Y. Zhang, S. Sriram, K. Kalantar-Zadeh, S.-T. Lee, R. Hillenbrand, and Q. Bao, "In-plane anisotropic and ultra-low-loss polaritons in a natural van der Waals crystal" Nature 562, 557-562 (2018).

[24] J. Duan, **G. Álvarez-Pérez**, **C. Lanza**, K. Voronin, **A. I. F. Tresguerres-Mata**, **N. Capote-Robayna**, **J. Álvarez-Cuervo**, A. Tarazaga Martín-Luengo, J. Martín-Sánchez, V. S. Volkov, A. Y. Nikitin & **P. Alonso-González** Multiple and spectrally robust photonic magic angles in reconfigurable α-MoO_3 trilayers. Nature Materials 22, 867–872 (2023); Quantum Nanooptics Lab at University of Oviedo (https://osnolaleva.wixsite.com/palonsogonzalez)

[25] J. Duan, A. T. Martín-Luengo, **C. Lanza,** S. Partel, K. Voronin, **A. I. F. Tresguerres-Mata, G. Álvarez-Pérez,** A. Y. Nikitin, J. Martín-Sánchez, and **P. Alonso-González,** "Canalization-based super-resolution imaging using an individual van der Waals thin lay-

er" Science Advances 11, eads0569 (2025).

[26] H.Ueda, **M. García-Fernández**, S. Agrestini, S. *et al.*, "Chiral phonons in quartz probed by X-rays" Nature 618, 946–950 (2023).

[27] T. Aidukas, N. W. Phillips, **A. Díaz**, E. Poghosyan, E. Müller, A. F. J. Levi, G. Aeppli, M. Guizar-Sicairos, M. Holler, "High-performance 4-nm-resolution X-ray tomography using burst ptychography" Nature 632, 81-88 (2024).

[28] W Zhang, **R. Alonso-Mori**, U Bergmann, *et al.*, "Tracking excited-state charge and spin dynamics in iron coordination complexes" Nature 509 (2014), 345-348.

[29] D. Gao, R.M. Arán-Ais, H.S. Jeon, and **B. Roldan Cuenya,** "Rational catalyst and electrolyte design for CO2 electroreduction towards multicarbon products" Nature Catalysis 2, 198–210 (2019).

[30] Eugene D. Commins, "Electron Spin and Its History" Annu. Rev. Nucl. Part. Sci. 62, 133–57 (2012).

[31] G. E. Uhlenbeck, S. A. Goudsmit. "Spinning Electrons and the Structure of Spectra" Nature 117, 264 (1926).

[32] W. Pauli, "Zur Quantenmechanik des magnetischen Elektrons (Sobre la mecánica cuántica del electrón magnético)" Z. Physik 43, 601 (1927).

[33] R. Kronig, "Spinning Electrons and the Structure of Spectra" Nature 117, 550 (1926).

[34] Luis E Hueso, **José M. Pruneda**, Valeria Ferrari, Gavin Burnell, José P Valdés-Herrera, Benjamin D Simons, Peter B Littlewood, Emilio Artacho, Albert Fert, Neil D Mathur, "Transformation of spin information into large electrical signals using carbon nanotubes" Nature 445, 410-413 (2007).

[35] A. R. Rocha, **V. M. García-Suárez**, S. W. Bailey, C. J. Lambert, J. Ferrer, S. Sanvito, "Towards molecular spintronics", Nature Materials 4, 335-339 (2005).

[36] K. Padrón-Alemán, G. J. Cuello, I. Puente-Orench, J. Lopez-García, M. L. Arreguín-Hernández, J. L. Sánchez Llamazares, P. Gorria and **P. Alvarez-Alonso**, "Scrutinizing the sharp magnetoelastic transition and kinetic arrest in Fe49Rh51 alloy using neutron thermo-diffraction" Journal of Materials Chemistry C 13, 7017-7026 (2025).

[37] Amilcar Bedoya-Pinto, Jing-Rong Ji, Avanindra K. Pandeya, Pierluigi Gargiani, **Manuel Valvidares**, Paolo Sessi, James M. Taylor, Florin Radu, Kai Chang, and Stuart S. P. Parkin, "Intrinsic 2D-XY ferromagnetism in a van der Waals monolayer" Science 374, 616-620 (2021).

[38] **A. Hierro-Rodríguez,** C. Quirós, A. Sorrentino, L. M. Alvarez-Prado, J. I. Martín, J. M. Alameda, S. McVitie, E. Pereiro, M. Vélez & S. Ferrer, "Revealing 3D magnetization of thin films with soft X-ray tomography: magnetic singularities and topological charges" Nature Communications 11, 6382 (2020).

[39] Baptiste Savoie, "A rigorous proof of the Bohr-van Leeuwen theorem in the semiclassical limit" Reviews in Mathematical Physics 27, 08 (2015).

[40] "Studier over Metallernes Elektrontheori", Københavns Universitet (1911)]" II. The Doctor's Dissertation (Text and Translation), Editor(s): L. Rosenfeld, J. Rud Nielsen,

Niels Bohr Collected Works, Elsevier, Volume 1,1972, Pages 163-393.

[41] H. J. Van Leeuwen, "Problèmes de la théorie électronique du magnétisme" Journal de Physique et le Radium 2, 361-377 (1921).

[42] **A. I. Jiménez-Ramírez, Y. Álvarez López,** A. S. González, **J. García Fernández,** J. Á. Fernández-Roldán, **V. Vega Martínez,** M. Méndez & V. M. Prida, "Synthesis, characterization and magneto-structural properties of geometrical and compositional modulated nanowires" Nano Express 5, 022003 (2024).

[43] **M. P. Fernández-García,** P. Gorria, J. A. Blanco, A. B. Fuertes, M. Sevilla, R. Boada, J. Chaboy, D. Schmool & J.-M. Grenèche, "Microstructure and magnetism of nanoparticles with γ-Fe core surrounded by α-Fe and iron oxide shells" Physical Review B 81, 094418 (2010).

[44] M. Salvador, J. C. Martínez-García, **M. P. Fernández-García**, M. C. Blanco-López, M. Rivas, "Biological and Medical Applications of Magnetic Nanoparticles" En: Magnetic Measurement Techniques for Materials Characterization. Springer International Publishing. pp. 771-804 (2021).

[45] **A. Pérez-Junquera**, V. I. Marconi, A. B. Kolton, L. M. Álvarez-Prado, Y. Souche, **A. Alija**, M. Vélez, J. V. Anguita, J. M. Alameda, J. I. Martín and J. M. R. Parrondo, "Crossed-Ratchet Effects for Magnetic Domain Wall Motion" Phys. Rev. Lett. 100, 037203 (2008).

[46] I. Orue, **L. Marcano**, P. Bender, A. García-Prieto, M. A. Mawass, D. Gil-Cartón, D. Alba Venero, D. Honecker, A. García-Arribas, L. Fernández Barquín, A. Muela and M. L. Fdez-Gubieda, "Configuration of the magnetosome chain: A natural magnetic nanoarchitecture" Nanoscale 10, 7407-7419 (2018).

[47] J. Bardeen and W. H. Brattain, "The Transistor, A Semi-Conductor Triode", Phys. Rev. 74, 230 (1948).

[48] Jonas Leuermann, Vladimir Stamenkovic, Patricia Ramírez-Priego, Alejandro Sánchez-Postigo, **Adrián Fernández-Gavela**, Cole A. Chapman, Ryan C. Bailey, Laura M. Lechuga, Ezequiel Pérez-Inestrosa, Daniel Collado, Robert Halir, and Íñigo Molina-Fernández, "Coherent silicon photonic interferometric biosensor with an inexpensive laser source for sensitive label-free immunoassays," Opt. Lett. 45, 6595-6598 (2020).

[49] **J. Junquera**, P. Ghosez, "Critical thickness for ferroelectricity in perovskite ultrathin films" Nature 422, 506–509 (2003).

[50] Ann Johnson, "How the Ford Motor Co. Invented the SQUID", IEEE Spectrum Nov 2014 p. 40.

[51] R. C. Jaklevic, John Lambe, A. H. Silver, and J. E. Mercereau "Quantum Interference Effects in Josephson Tunneling" Phys. Rev. Lett. 12, 159 (1964).

[52] **Pablo Cayado**, Jens Hänisch, Kazumasa Iida and Carmine Senatore, "Focus on recent advances in superconducting films", Supercond. Sci. Technol. 36, 090401 (2023).

[53] D. Pérez de Lara, **A. Alija**, E. M. González, M. Vélez, J. I. Martín, and J. L. Vicent, "Vortex ratchet reversal at fractional matching fields in kagomélike array with symmetric pinning centers" Physical Review B 82, 174503 (2010).

[54] G. Granek and G. Hon "Searching for Asses, Finding a Kingdom: The Story of the Invention of the Scanning Tunnelling Microscope (STM)" Annals of Science 65, 101-125 (2008).

[55] G. Binnig, H. Rohrer, Ch. Gerber, and E. Weibel, "7 × 7 Reconstruction on Si(111) Resolved in Real Space" Phys. Rev. Lett. 50, 120 (1983).

[56] J. Besteiro-Sáez, L. M. Mateo, S.Salaverría, T. Wang, P. Angulo-Portugal, J. P. Calupitan, **J. Rodríguez-Fernández,** A. García-Fuente, J. Ferrer, D. Pérez, M. Corso, D. G. de Oteyza & D. Peña, "[19]Starphene: Combined In-Solution and On-Surface Synthesis Towards the Largest Starphene" Angewandte Chemie (International ed. in English) 63, e202411861 (2024).

[57] A. Einstein, "The Quantum Theory of Radiation" Physikalische Zeitschrift 18, 121 (1917).

[58] J. P. Gordon, H. J. Zeiger, and C. H. Townes, "Molecular Microwave Oscillator and New Hyperfine Structure in the Microwave Spectrum of NH3", Phys. Rev. 95, 282 (1954).

[59] T. H. Maiman, "Stimulated Optical Radiation in Ruby", Nature187 (1960) 493.

[60] **C. Méndez-López**, **L. Javier Fernández-Menéndez**, **C. González-Gago, J. Pisonero,** & N. Bordel, "Novel optical method based on nebulization assisted laser induced plasma on inexpensive paper substrates for online determination of halogens and metals in liquid samples" Optics and Laser Technology, 164, 109536 (2023).

[61] Francesco Dallari, Irina Lokteva, Johannes Möller, Wojciech Roseker, Claudia Goy, Fabian Westermeier, Ulrike Boesenberg, Jörg Hallmann, **Angel Rodríguez-Fernández**, Markus Scholz, Roman Shayduk, Anders Madsen, Gerhard Grübel, and Felix Lehmkühler, "Real-time swelling-collapse kinetics of nanogels driven by XFEL pulses" Science Advances 10, eadm7876 (2024).

[62] https://cinn.es/investigacion/tecnologias-cuanticas-y-nanomateriales/simulaciones-cuanticas/

[63] Pascal Scholl, Michael Schuler, Hannah J. Williams, Alexander A. Eberharter, **Daniel Barredo**, Kai-Niklas Schymik, Vincent Lienhard, Louis-Paul Henry, Thomas C. Lang, Thierry Lahaye, Andreas M. Läuchli & Antoine Browaeys. "Quantum simulation of 2D antiferromagnets with hundreds of Rydberg atoms". Nature 595, 233–238 (2021).

[64] Grupo de Física de Altas Energías de la Universidad de Oviedo **FPAUO** https://portalinvestigacion.uniovi.es/grupos/14015/detalle

[65] Grupo de Ciencia de Materiales Computacional **CIMACO** https://cimaco.grupos.uniovi.es/

[66] Instituto de Ciencias y Tecnologías Espaciales de Asturias **ICTEA** https://ictea.uniovi.es/